最给力的家装图典

卧室 书房

ZUIGEILI DE JIAZHUANG TUDIAN 宜家文化 编

巧支招 不上当 又省钱

中国电力出版社
CHINA ELECTRIC POWER PRESS

内容提要

本书精选国内室内设计名师的最新力作，以新材料、巧设计、好施工为重点，旨在打造既能让业主得到实用借鉴，又能让室内设计师参考学习的参考书。书中针对多个极具代表性的装修造型，从巧搭装修材料、出彩细节设计、省心施工工艺三个环节详解装修如何做到省心省力又省钱。

图书在版编目（CIP）数据

最给力的家装图典. 卧室 书房 / 宜家文化编. -- 北京：中国电力出版社，2016.1
ISBN 978-7-5123-8666-2

Ⅰ. ①最… Ⅱ. ①宜… Ⅲ. ①卧室－室内装饰设计－图集②书房－室内装饰设计－图集
Ⅳ. ①TU241-64

中国版本图书馆CIP数据核字(2015)第305373号

中国电力出版社出版发行
北京市东城区北京站西街19号　　100005　　http://www.cepp.sgcc.com.cn
责任编辑：曹 巍　　责任印制：蔺义舟
北京盛通印刷股份有限公司印刷·各地新华书店经售
2016年1月第1版·第1次印刷
889mm×1092mm 1/16·7.5印张·186千字
定价：38.00元

CONTENTS目录

卧室

书房

凹凸造型的卧室床头背景墙

- **巧搭装修材料**
  枫木饰面板 + 墙纸

- **出彩细节设计**
1. 若卧室背景墙需用射灯进行点缀，应尽量使用防眩光射灯，或者如图中这样采用 LED 光带的设计。
2. 床头背景墙做了凹凸的处理，即把木饰面板做得凸出于墙纸背景，这样做的好处是便于墙纸的收口，以及让背景更加有层次。

- **省心施工工艺**
1. 施工时，顶面与墙面实木护墙板的接缝处，在刷乳胶漆时应用胶带分割好，防止涂刷时对实木护墙板造成影响。
2. 做床头背景之前应先确定好床的尺寸，以免床的宽度与电视背景的宽度不符，影响美观。

利用雕花玻璃作为电视背景

● **巧搭装修材料**
雕花玻璃隔断

● **出彩细节设计**
1. 小户型装修时注意每个空间不能过于封闭，因此，设计师利用雕花玻璃作为主卧室的电视背景，既保证通透性，同时其雕花的造型又能给空间很好的装饰效果。
2. 选择透明玻璃时注意其厚度，较厚的钢化玻璃能够保证较好的安全性。

● **省心施工工艺**
1. 在电视背景没有靠背的情况下，可采用地插的形式布置插座面板。
2. 在安装玻璃隔断时，要从地面和顶面两端同时进行，与吊顶的交界处需要前期进行木工板的加固处理。

木线条装饰框内贴欧式墙纸

● **巧搭装修材料**

墙纸 + 灰色乳胶漆 + 实木线条

● **出彩细节设计**

1. 简欧家居在造型及线条上和纯欧式相比相对简洁很多，但是对称造型这种原则性的设计不会改变，所以在做装修方案时还是不能忽略这一点。

2. 床头背后的造型尺寸一定要根据开间和层高的大小进行选择定制，否则会影响整个背景的美观性。

● **省心施工工艺**

1. 线条安装尽量选择用胶粘，这样能避免打钉的方式破坏线条的完整性。

2. 装饰框内的墙纸在铺贴之前要进行基层打底，再用银色木线条将墙纸四周不平整的边缘进行压边处理，使画面平整而美观。

壁龛造型让床头墙更有层次

● **巧搭装修材料**
硬包 + 木饰面混水刷白

● **出彩细节设计**
1. 墙面三层线条的比例设定，应根据层高和背景的面积大小合理确定，注意面与面的对称关系。
2. 床头背景两边的壁龛上如需放置装饰品，应注意柜体深度在 20 ~ 25cm 为宜。

● **省心施工工艺**
1. 油漆施工时，应将已安装到位的背景造型保护好，以免在施工过程中造成破坏。
2. 踢脚线应与木质边框同时进行加工安装，保持色调统一。

一分为二的床头背景造型

- **巧搭装修材料**
  硬包 + 墙纸

- **出彩细节设计**
  1. 硬包的皮质具有较好的质感，而且日常生活中对其打理也极为便利，因此被较为广泛地应用于卧室等空间。
  2. 因为卧室顶面已经有一个凸出的圆形石膏板吊顶，所以床头背景采用一分为二的造型设计要注意控制比例，避免带来视觉上的压抑感。

- **省心施工工艺**
  1. 如果卧室的床头背景墙采用硬包或软包装饰，其侧面可用木质线条或不锈钢边条处理收边。
  2. 床头背景的墙纸与顶面的接口处可采用石膏线条进行铺贴处理，使收边更加自然。

圆形的石膏板吊顶呼应圆床

- **巧搭装修材料**

  石膏线条＋弧形石膏板造型刷白

- **出彩细节设计**

  1. 石膏板吊顶造型的选择可根据房间造型与开间大小合理确定，图中的圆形吊顶造型与房型相呼应，使整个空间氛围协调一致，营造出天地一体的感观。

  2. 吊顶造型覆盖整个卧室空间，且凹凸感强烈，为了弱化顶面给人带来的压抑感，灯带的设计起到了决定性的作用。

- **省心施工工艺**

  1. 在圆形吊顶造型施工时，为了有利于吊顶的加工，要对石膏板进行拉槽处理。

  2. 主卧的吊灯让整个空间温馨大气，但要注意吊灯不宜过低，因为公寓房的层高通常不高，卧室吊灯需要根据房屋高度进行搭配。此外，小面积空间的吊灯也不宜过大，以免影响房间的空间比例。

把圆形吊顶嵌在方形线条框内

● **巧搭装修材料**
石膏板吊顶造型刷白 + 石膏线条

● **出彩细节设计**

1. 圆形吊顶嵌在方形的线条框内,让整个空间在顶面形成聚拢感,增强卧室温馨舒适的氛围。

2. 由于顶面为白色石膏板吊顶,墙面为浅色护墙,所以设计师在接缝处采用了深色材质的顶角线,使两块区域划分明显,装饰效果甚佳。

● **省心施工工艺**

1. 在顶面设计中央空调时需要注意出风口的朝向和位置。如果是在卧室里,出风口应尽量不要设在床头的上方,因为有些设备的噪声比较大,会影响睡眠。

2. 圆形吊顶施工难度较大,因此建议先在地面做好圆形木工板框架,再将其安装到顶面进行石膏板的贴面处理。

设计到顶的电视墙增强延伸感

● **巧搭装修材料**
墙纸 + 木质护墙板

● **出彩细节设计**
1. 电视背景墙设计到顶的方式，增强了延伸感，而且让人感觉没有束缚，同时也拉伸了层高。
2. 卧室是比较温馨的空间，设计电视背景时增加一些灯光，在夜晚既显得很有氛围，也不会很刺眼。

● **省心施工工艺**
1. 对于工厂加工完成的整体护墙造型，在安装之前应采用木工板或者九厘板做基层，使之安装牢固。
2. 电视背景墙上的木质边框要等到墙纸粘贴好后再进行安装，这样可以保证墙纸的收边平整。

利用吊顶反光灯带做主光源

● **巧搭装修材料**
　石膏板吊顶 + 灯带 + 墙纸

● **出彩细节设计**
1. 吊顶设计是整体家居风格的一个体现，该空间吊顶以叠级为主，追求线条的棱角感。
2. 卧室采用不做主灯的设计方式，顶面吊顶利用反光灯带做主光源，使整个卧室的光源更为柔和。

● **省心施工工艺**
1. 卧室顶面为石膏板平吊顶，在龙骨基础上铺贴石膏板时，注意在石膏板之间采用 V 形缝处理，可以有效地较少顶面石膏板的开裂。
2. 顶面石膏板吊顶的阴阳角造型较多，油漆施工时注意对其进行修直加固处理，保证美观效果。

半高白色护墙板竖向勾缝处理

● **巧搭装修材料**
墙纸 + 木质墙裙

● **出彩细节设计**
1. 该设计将卧室的床头背景做了半高的白色护墙造型，并对其进行竖向的勾缝处理，整体感较强。
2. 选择碎花墙纸时注意其底色要与空间的其他颜色一致或者接近，否则空间会显得过于花哨。

● **省心施工工艺**
1. 碎花墙纸在铺贴时要注意对花，墙纸胶水应当选择较为环保的土豆、糯米等植物胶。
2. 油漆施工时要保证室内的温度适宜，如果温度过低应尽量避免油漆施工，否则白色护墙会因温度不适而出现表层油漆开裂的现象。

大面积的布艺软包带来温馨感

- **巧搭装修材料**

  布艺软包 + 抽象画灯箱片 + 木质方框

- **出彩细节设计**

1. 在这类没有主灯且又讲究安静氛围的空间，在床头背景安装射灯或者灯带时一定要选择防眩灯，使光源柔暖，避免躺在床上时感觉不适。
2. 如果整个卧室空间的色调大面积偏深，那么在软装设计上就要选择一定面积做暖色或者亮色设计，图中的床头背景软包使空间的色调得到平衡。

- **省心施工工艺**

1. 油漆施工时，顶面和墙面之间的衔接处要用胶带进行隔离，避免油漆混染，影响美观。
2. 床头的木质方框要在墙纸铺贴完成后再进行上墙加固，同时可以对墙纸铺贴边缘不平处进行压边处理。
3. 床头背景软包安装前，一定要用九厘板或木工板进行基层处理，使其安装牢固平整。

在床尾墙上设计一整面衣柜

● **巧搭装修材料**

定制衣柜

● **出彩细节设计**

1. 欧式风格的卧室空间装饰讲究对称和谐，图中的衣柜以电视为中心做对称均分，增加实用性的同时也不失美观。

2. 欧式风格的底色大多以白色或者淡色为主，家具则是白色或者深色均可，但都一定要形成系列，在风格上进行统一。

● **省心施工工艺**

1. 衣柜顶部距离顶面需要预留出 8 ～ 10cm 的距离，首先是保证柜门以嵌入的方式安装，其次可以解决柜体与吊顶之间的收口。

2. 在施工前最好先把卧室床具的尺寸确认好，柜与床之间尽量保持 70cm 以上的距离，柜的深度也应尽量保持在 50cm 以上，太窄则无法起到储藏衣物的作用。

木质吊顶与护墙板自然过渡

● **巧搭装修材料**
木饰面板吊顶

● **出彩细节设计**
1. 木质吊顶的设计与墙面护墙自然地过渡成一个整体，空间显得统一协调。
2. 遇到此类色调搭配的设计，后期尽量选择颜色较浅的家具，应以吊顶和护墙板的色调为主进行配饰。
3. 因为吊顶颜色较深，所以在保证主灯的同时，顶面的筒灯、射灯需要做一定数量的设计，以确保整个空间光源充足。

● **省心施工工艺**
1. 吊顶的灯孔开槽要在做油漆之前定位完成，等油漆风干之后再进行安装。
2. 现场制作柜体时应注意衣柜顶部与吊顶的关系，尽量不要留有过大空隙，如果空隙不大，可使用帽头进行装饰。

根据卧室原始顶面造型设计吊顶

- **巧搭装修材料**
  木饰面板吊顶

- **出彩细节设计**
  1. 卧室的顶面如果本身就有造型，可以根据其造型曲线顺势进行吊顶装饰，充分体现空间感。
  2. 木饰面板吊顶的材质和颜色应尽量同家具保持一致，这样可以达到整体空间的统一效果。

- **省心施工工艺**
  1. 顶面挂镜线的安装应当在墙纸铺贴之前进行，这样做是为了确保安装后的墙面平整，反之则容易对墙纸造成损坏。
  2. 顶面射灯的开孔应和木工吊顶同时进行，因为该吊顶为木质造型，后期装灯再开孔比较麻烦。

采用地台的形式设计卧室地面

- **巧搭装修材料**
  仿古砖

- **出彩细节设计**
1. 地中海风格的卧室在色调和造型上尤为重要，地台的浅蓝色造型充分展示了地中海风格的特色。
2. 床下面以地台的形式进行设计，不仅使得整个卧室空间具有层次，而且其不规则的弧形和延伸到其他区域的设计手法把原本空旷的空间糅合在了一起。

- **省心施工工艺**
1. 地砖应选择湿铺法，这样做的好处是不易造成空鼓，而且可以更好地保证地砖贴成后的牢固性和稳定性。
2. 地台的正面和侧面在铺贴地砖前，工人师傅要对地砖进行美缝处理，使地砖的铺贴效果更好。

拱形装饰柜与电视背景呼应

● **巧搭装修材料**
硅藻泥 + 嵌入式装饰柜

● **出彩细节设计**

1. 卧室中电视的高度要根据人体工程学合理确定，最好是人坐在床上时的视平线上下。

2. 设计上要注意墙面、顶面的设计不能有过多不同的造型，图中的整个造型以弧形为元素进行制作，使空间的规划多而不杂，舒适清爽。

● **省心施工工艺**

1. 护墙板因其造型的不规则性要求为后场定制，施工现场需要进行基层的木工板处理，保证所安装墙面的平整度和硬度。

2. 圆弧形门洞的造型可以是以砖加水泥的形式制作，也可以是木工板加饰面板结合的形式制作，施工时可根据现场要求进行。

拼色硬包增强墙面装饰效果

● **巧搭装修材料**
硬包 + 黑镜

● **出彩细节设计**
1. 床头背景选用拼色硬包，在颜色选择上一定注意不要过多，避免视觉杂乱。应配合设计风格，保证色彩的整体性和统一性。
2. 房间光源的选择要考虑人眼舒适度，床头背景装饰了黑镜，如果灯光过于强烈，就会产生镜面反射，影响主人休息。

● **省心施工工艺**
1. 在选择硬包的皮质时，注意每个颜色不要产生色差，否则会影响设计效果。
2. 镜面背后的灯带要注意保证灯管放置的均匀度，保证灯光折射出来没有强弱变化。
3. 无论硬包还是镜面处理，基层都需要进行九厘板或木工板的打底处理，这样在安装时可以减少不必要的麻烦。

床头墙上悬挂多幅装饰画

● **巧搭装修材料**
软包 + 墙纸 + 装饰画组合

● **出彩细节设计**

1. 床头背景制作软包最好选择皮质，尽量不要选择布艺材质，一方面后期清理起来不方便，另一方面长期使用以后还会造成软包变形，影响美观。

2. 卧室墙纸的选择尽量要与整体色调统一，色调差别不应太大，这样可以保证整个空间的整洁和视觉上的舒适。

3. 如果在浅色墙纸背景上挂装饰画，应尽量选择深色的边框，图中的装饰画和墙面层次分明，凸出感明显，装饰效果显而易见。

● **省心施工工艺**

1. 床头背景的软包造型可用实木线条对其进行收口处理，侧面的收口可以很好地掩盖九厘板基层。

2. 软包安装前需要根据厂家要求进行基层的处理，这样墙面会更加平整、美观。

卧室床头墙铺贴肌理墙纸

- **巧搭装修材料**
  彩色乳胶漆 + 墙纸 + 木线条

- **出彩细节设计**
1. 中式家居的装饰材料以木质为主，讲究雕刻彩绘、造型典雅，因此在整个空间设计上一定要注意对木色的运用，木质边框很好地体现了这一点。
2. 卧室的墙面色彩以深色为主，是因为考虑到中式家具的色彩一般比较深，这样整个居室的色彩才能协调。

- **省心施工工艺**
1. 铺贴床头背景的肌理墙纸前一定要对墙面基层处理到位，木质边框可以在墙纸铺贴后进行安装，这样方便对墙纸四周不平处进行压边处理，以达到平整和美观的效果。
2. 床头背景上的木质边框一定要根据床和顶面造型的大小进行比例确定，只有尺寸合理才能保证整体效果的统一性。

半高电视墙与木花格的组合

- **巧搭装修材料**
  枫木饰面板＋壁龛＋密度板雕花刷白

- **出彩细节设计**
  1. 图中的卧室空间足够宽敞，设计师在与横梁齐平的位置砌出半高的电视背景墙，将卧室的生活区与休闲区划分出来，同时也保证了室内光源的通透性。
  2. 图中的电视墙应当选择纹理细致清晰的木饰面板，如枫木、橡木等，因为其细腻的纹理可以增强卧室空间的舒适性和温馨感。

- **省心施工工艺**
  1. 木饰面板做电视背景，为了防止变形，首先基层要用木工板或者九厘板做平整，表面的处理尽量精细，不要有明显钉眼。
  2. 白色花格可以用密度板雕刻而成，价格也相对便宜。此外，木花格最好选择亚光油漆，因为这样的油漆可以延长泛黄产生的时间。

银镜与木线条间隔排列

- **巧搭装修材料**
  软包 + 木线条间贴银镜

- **出彩细节设计**
1. 图中的卧室追求黑、白、灰的协调搭配，所以在设计上要体现出层次感。顶面用白色乳胶漆刷白，床头背景可以选择较为深色的材质，使其自然成为视觉的焦点。
2. 银镜与木线条间隔排列，避免大面银镜给人带来的刺眼感，以较为柔和的方式增强了视线的穿透性。

- **省心施工工艺**
1. 由于银镜与木质结合的造型刚好处在床头柜的位置，为了保证插座面板的安装到位，可以将其设计在床头柜的两侧，既方便使用，又不破坏床头背景造型。
2. 床头两面的壁灯定位一定要合理，高度一般在 1500 ~ 1800mm，这样既美观，使用起来也很方便。

飘窗处设计凹凸桌椅造型

● **巧搭装修材料**
木饰面板混水刷白

● **出彩细节设计**
1. 飘窗一般可以考虑改造成休闲区，同时造型也可根据风格或者主人要求进行相应设计。图中的飘窗设计成凹凸桌椅造型，与房间的风格搭配和谐自然。
2. 飘窗顶面建议做暗式窗帘盒，使造型更加完整和美观。

● **省心施工工艺**
1. 飘窗桌椅造型的尺寸应考虑人体工程学的原理，以达到日常使用的舒适度，同时在施工时保证一定的牢固度。
2. 窗帘盒的尺寸要根据窗帘的厚度预留，一般单层预留 10 ～ 12cm，双层预留 15 ～ 18cm 为宜。

雕花银镜装饰卧室床头背景

- **巧搭装修材料**

  雕花银镜 + 墙纸

- **出彩细节设计**

1. 如果卧室的卫生间设计成玻璃墙面，在材质上最好选择磨砂类的玻璃，这样即使是私密空间也不至于太通透，同时又能和床头背景的雕花银镜起到呼应作用。

2. 因为房间的整体色调偏亮，所以床头背景墙纸色调的选择尤为重要，图中的墙纸选择咖啡色打底，使墙面不会显得冷清而且重心稳定。

- **省心施工工艺**

1. 床头背景的边框要在睡床尺寸确定后再进行定制，宽度可多出床宽两边各 10cm 左右为宜。

2. 床头两边插座的位置要提前做好放样，不要做在造型与边框的交接处，以免影响美观。

卧室设计圆形地台放置睡床

● **巧搭装修材料**
木地板

● **出彩细节设计**
1. 在地台上放置睡床，首先要确定床的尺寸，然后再确定地台的大小，并且地台留出的活动空间不能过小，以免后期影响主人的使用。
2. 因为图中的卧室空间较大，地面抬高也会相应地让整个空间更富有层次感，视觉上会显得更有档次。

● **省心施工工艺**
1. 地台侧面由于其特殊的圆弧形，地板很难加工成此造型，因此要选择颜色接近的木饰面板代替。
2. 地台侧面的包边，可用与地面材质统一的定制踢脚线进行处理，同时地台的边缘要进行磨圆处理。

软包背景中间设计纽扣状造型

● **巧搭装修材料**
软包 + 墙纸

● **出彩细节设计**
1. 床头做了软包设计，其柔软的材质与卧室塑造的宁静闲适的氛围相统一，中间纽扣状造型的修饰更是增添了奢华浪漫的气息。
2. 采用欧式或法式宫廷风格设计卧室时，踢脚线的高度宜在 12 ～ 18cm，具体可根据房屋的层高来确定。

● **省心施工工艺**
1. 水电施工时需要确定插座及开关的位置，注意不能影响卧室墙面造型的整体性，面板位置可以根据图纸做调整。
2. 软包为后期安装的材质，需要在原墙面做木工板或者九厘板的打底找平处理，安装完毕后注意对其进行保护，以防在油漆施工或者贴墙纸时不小心破坏软包。

凹凸的硬包造型制造视觉变化

● **巧搭装修材料**
　墙纸 + 黑镜 + 硬包

● **出彩细节设计**
1. 对称设计的床头背景中间出现了不规则的硬包造型排布，这种设计在制造出视觉变化的同时，也丰富了平面墙体的立体感。
2. 卧室床头背景上的镜面尽量不要选择透光性强的玻璃，因为灯光通过镜面反射会对主人的感观造成一定的影响。

● **省心施工工艺**
1. 虽然床头的方块硬包造型讲究随意自由的排列方式，但是需要在安装时进行标号处理，按照标号排布。
2. 床头墙面上方的平角走线时要考虑到凸出墙面的厚度，应在吊顶施工前预留出合理的尺寸。

对称的密度板雕花造型美化空间

- **巧搭装修材料**
  墙纸 + 灰镜 + 装饰挂件 + 密度板雕花刷白

- **出彩细节设计**
1. 如果卧室床头墙根据设计要求要使用一些镜面等材质，那么在软装上应尽量搭配得柔和一些。比如，地面可以铺设地毯，然后选择暖色系的床品，这样可以营造出一股温情的感觉。
2. 床头背景上的雕花饰面因为造型细腻，选材上最好选用密度板、奥松板等不易变形和变色的材质。

- **省心施工工艺**
1. 床头射灯色温应柔和，在墙面上形成自然的光晕，给人温馨舒适之感。要达到这样的效果，灯具中心点离墙的位置最好控制在 15 ～ 25cm，型号最好采用色温在 2700 ～ 4500k 的卤素灯泡。
2. 施工时应先用木工板或九厘板打底做基层，然后在粘贴灰镜之后再安装雕花造型。

软包背景呼应石膏板拓缝造型

- **巧搭装修材料**
  墙纸 + 皮质软包 + 木饰面板

- **出彩细节设计**
  1. 床头背景在设计时需要做分块的处理，床头以及床头柜做独立的设计，在保证对称的基础上达到视觉统一感。
  2. 床头墙上装修的材质种类较多，为了避免杂乱感，设计师在运用对称设计的同时，也使皮质软包背景与顶面石膏板拓缝造型形成呼应。

- **省心施工工艺**
  1. 床头背景在设计时需要做分块处理，床头及床头柜要做独立设计，在保证对称的基础上达到视觉统一。
  2. 床头墙上装修的材质种类较多，为了避免杂乱感，设计师在运用对称设计的同时，也应使皮质软包背景与顶面的石膏板拓缝造型形成呼应。

软包造型与茶镜的主次关系

- **巧搭装修材料**
  墙纸 + 茶镜 + 软包

- **出彩细节设计**
1. 因为卧室空间比较大，所以在床头背景的设计上要侧重主次的划分，软包造型是主，白色线条或者茶镜造型是次。
2. 床头背景选择茶镜应与其余墙面的墙纸色调相呼应，并且偏暖色的墙纸可使整个空间不至于因为太大而显得过冷。

- **省心施工工艺**
1. 安装软包、线条以及茶镜时要注意施工的先后顺序，最先为软包，然后是茶镜，最后则是用来收口的实木线条，按正确的施工顺序进行安装可以减少许多不必要的麻烦。
2. 茶镜和软包在施工之前，应用木工板或者九厘板打底做基层，以保证安装得牢固、平整。

对称设计的欧式床头背景

● **巧搭装修材料**
硬包＋墙纸＋木线条

● **出彩细节设计**
1. 欧式风格的设计讲究对称性，所以在背景护墙的设计上一定要根据开间大小合理确定每块板面的尺寸。
2. 床头背景边框要在确定睡床尺寸之后再进行定制，保证背景与床体宽度的一致，偏差不应过多，使装饰效果协调美观。

● **省心施工工艺**
1. 要按照立面背景的图纸进行壁灯位置的确定，保证其在造型的中间。
2. 硬包施工时应注意先确定好制作尺寸，如果硬包外侧有框架则应留出尺寸，然后测量框架内硬包的制作尺寸。

卧室飘窗处改造成阅读区

● **巧搭装修材料**
定制书桌混水刷白

● **出彩细节设计**
1. 飘窗处的功能设定应根据需求设计。该图将飘窗处作为阅读区，平时可以借助白天的自然光源，但要注意桌面要选用防晒材质，防止变形、开裂。
2. 因为飘窗处的窗帘要落地，所以桌子和窗户之间最好不要固定，以免影响落地效果。

● **省心施工工艺**
1. 飘窗底部铺贴墙纸后，可用与书桌相同材质的压条，将墙纸与台面阳角接缝处做好收边处理。
2. 书桌台面的长度跨度不要过大，否则台面的面板要进行加厚处理。
3. 如果书桌采用大理石台面，那么书桌背面的包边下挂要厚一些，防止阳光暴晒。

悬空书桌充分利用卧室空间

● **巧搭装修材料**
定制书桌混水刷白 + 深色木台面

● **出彩细节设计**
1. 图中的卧室色调偏浅色，所以在家具和配饰上要注意合理搭配，书桌选择棕色桌面，与浅色墙面形成对比，使悬空的书桌在视觉上有重点。
2. 悬空的方式让书桌显得更加轻盈，将电视柜和书桌做整体的设计，增强美感的同时充分利用了空间。

● **省心施工工艺**
1. 悬空书桌要注意桌面的跨度不能过大，否则应采用角钢对层板进行加固处理，要不然经过长时间使用以后，桌面会变形甚至断裂。
2. 深色台面与墙体之间会出现缝隙，后期安装时注意用玻璃胶将缝隙填满，同时起到加固的作用。

拱形电视背景与门套相呼应

● **巧搭装修材料**
木饰面板混油刷白 + 石膏罗马柱

● **出彩细节设计**
1. 如果卧室面积很大，就可以隔出一部分做书房，因此电视墙就需要做成开放或者半开放式的隔断，这样的处理可以使两个房间相互借景。
2. 电视挂墙的高度应根据人体工程学合理划定，一般电视中心距离地面在 1100 ～ 1400mm 为宜。

● **省心施工工艺**
1. 电视背景墙砌成半高造型，顶部如果要做装饰台面，宽度应在 20 ～ 25cm 为宜。
2. 定制圆弧门套需要现场测量尺寸，工人根据测量人员的施工要求，进行木工板基层的处理。

木线条勾勒出主次分明的床头墙

● **巧搭装修材料**
硬包 + 实木线条

● **出彩细节设计**

1. 设计床头背景要从整面墙出发，利用线条的勾勒，划分出主次分明的装饰背景，如图中以硬包造型为主，深色墙纸为辅。
2. 深色实木线条不仅是硬包造型的收口材料，其实木的品质感，也让价格不菲的家具更显精致和高贵。

● **省心施工工艺**

1. 实木线条安装施工时注意不能损坏硬包的皮质，工人师傅可以采用保护膜进行成品保护。
2. 床头背景的底部一般不用走踢脚线，但施工时应注意顺序：先铺地板，然后安装硬包造型，最后把床头背景与地板之间的缝隙用玻璃胶填满，避免卫生死角。

米黄色软包提升卧室舒适度

● **巧搭装修材料**
墙纸 + 硬包

● **出彩细节设计**
1. 床头背景墙的宽度一定要根据床的大小进行合理设计，防止尺寸过大或过小造成装饰不协调。
2. 购买床头壁灯首先要检查灯具的质量。灯罩通常由玻璃制成，而支架一般是金属制成。灯罩主要看其透光性是否合适，并且表面的图案与色彩应该与居室的整体风格相呼应。对于支架要看其抗腐蚀性是否良好，颜色和光泽是否亮丽饱满。

● **省心施工工艺**
1. 油漆施工时，要将顶面与床头背景硬包的接缝处用胶带封闭起来，防止施工过程中沾染油漆，影响后期的视觉美观。
2. 床头背景墙上安装硬包前，一定要用九厘板或木工板进行基层处理，使其安装得平整且牢固。

木地板上墙造型中加入黑镜

- **巧搭装修材料**
  木地板上墙＋雕花黑镜

- **出彩细节设计**
1. 背景墙上的地板需要与空间的整体风格搭配和谐。例如，整体装修风格比较古典、复古，地板选择时就选颜色较深、做旧效果比较突出的。如果整体风格是简约清新的，就可选颜色较浅的地板。
2. 地板上墙不宜采用整面墙都铺贴的方式，否则，不仅会让人感觉单调，而且也容易造成视觉盲区。图中的局部墙面增加了黑镜的装饰，使整面墙深浅有秩，主次分明。

- **省心施工工艺**
1. 木地板与灰镜在安装前要做好基层处理，采用木工板或九厘板打底，使两者安装完成后处在同一平面上。
2. 墙面铺装地板前，如果可以，最好在铺装区块涂刷防水涂料，以防止地板受潮。此外，墙面需要保持干燥，防止水汽渗透到地板内，导致地板起拱。

木花格贴银镜增加通透感

● **巧搭装修材料**
软包 + 中式木花格贴银镜

● **出彩细节设计**

1. 床头背景的软包面料分为布艺和皮质两种。市场上绝大部分的皮质面料都是由 PU 材料制成的。在选择 PU 面料的时候，最好挑选亚光且质地柔软的类型，因为太过坚硬容易产生裂纹或者脱皮现象。

2. 线条简洁、表面具有木纹的板床适合搭配带立体感和现代质感边框的装饰画；柔和厚重的软床则需选配边框较细、质感冷硬的装饰画，通过视觉反差来突出装饰效果。

● **省心施工工艺**

1. 在床头背景墙上挂画时，打钉应尽量在硬包的接缝处进行。这样做一方面不易破坏硬包造型，另一方面钉头易入墙，使装饰画固定牢固。

2. 木花格一般都是采用定制的，在设计之初就要考虑好收口问题，一般建议屏格凹进槽口 20mm。考虑到热胀冷缩的因素，屏格与槽口之间应留出一点空隙。

石膏板造型贴银箔表现低调奢华

● **巧搭装修材料**
银箔 + 石膏板造型刷白

● **出彩细节设计**

1. 主卧室使用中央空调制冷，吊顶上增加了灯带的效果，柔和的灯光比较适合卧室的氛围，但同时需注意的是，如果选择使用灯带进行照明，中央空调最好采用下出下回的出风方式，以避免灯带对空调出风口造成能量的损失。

2. 石膏顶角线使用经济，样式多样，施工简便，衔接处经石膏填补后看不出裂缝。但石膏顶角线的主要成分是石膏，有的石膏顶角线时间长了可能会有掉石膏丝的现象。

● **省心施工工艺**

1. 如果主卧室安装中央空调，则顶面的反光灯槽应根据出风口进行高度调整。

2. 银箔纸在施工时有时会发生透底的现象，如遇到此种情况，建议基层采用浅色处理，在条件允许的情况下再加做一层。

石膏板造型嵌黑镜提升视觉层高

● **巧搭装修材料**

石膏板造型刷白 + 黑镜

● **出彩细节设计**

1. 因为卧室的顶面中间做了吊顶，但四周保持原顶的设计，而且墙面的木饰面板造型一直做到顶，所以会使人在视觉上感觉整个空间的层高偏高。

2. 顶部的筒灯可选择防眩灯，同时装饰镜面应尽量选择暗色系，降低光源的反射，这样既能起到装饰作用，又避免影响主人的休息。

● **省心施工工艺**

1. 镜面玻璃做吊顶材质使用时，一定要考虑安装的牢固性，建议顶部用木工板打底，再采用专用的玻璃胶来固定玻璃，同时玻璃的尺寸不宜过大。

2. 卧室采用无主灯的设计，需要注意的是光槽口的高度一般要大于 15cm，光源采用 T5 灯，尽量选择暖光或者中性光。

玻璃马赛克给空间增加时尚感

- **巧搭装修材料**
  玻璃马赛克 + 软包

- **出彩细节设计**
1. 欧式风格的卧室一般以硬包或者软包作为床头背景，不仅具有较好的舒适性，而且能体现出空间的奢华与高贵。
2. 玻璃马赛克造型使得床头背景变得通透而晶莹，其方格造型给空间增加了无限的时尚感与前卫气息。

- **省心施工工艺**
1. 卧室的镜面马赛克一般不用水泥作为黏结剂，而是采用胶水进行粘贴，因此对镜面马赛克施工前应保证墙面的整洁与平整。
2. 软包造型一般用镜框线或实木线条作为收口，而且兼具美观性。

拱形背景展现地中海风格特色

● **巧搭装修材料**
墙纸 + 彩色乳胶漆 + 木质罗马柱

● **出彩细节设计**
1. 床头背景设计了对称的凹凸造型，应事先计算好卧室的开间大小，防止空间尺寸不够，给以后的起居生活造成影响。
2. 如果床头墙面造型过多，则后期装饰的墙纸应尽量避免过于花哨，以免使整个房间显得烦琐、压抑。

● **省心施工工艺**
1. 施工前应先确定睡床的宽度，然后根据尺寸再进行床头背景造型的施工。
2. 在做油漆的腻子施工时，注意对直线或者圆弧形的阳角进行修直和加固处理，避免日后磕碰造成损坏。

米色软包与镜面玻璃相结合

- **巧搭装修材料**
  软包 + 墙纸 + 银镜

- **出彩细节设计**
1. 床头背景墙采用米色软包和镜面玻璃相结合的造型，一方面可以使空间的视觉宽敞，另一方面也能从深色的墙面背景中脱颖而出，不显压抑。
2. 床头背景装饰镜面玻璃和室内的光源应尽量选用防眩的暖色光，这样可降低室内光源的反射刺激，同时也将氛围营造得更为和谐、温馨。

- **省心施工工艺**
1. 首先，镜面、软包在施工前应用木工板或九厘板做基层；其次，在安装镜面时最好用玻璃胶进行粘贴；最后，安装木质边框，可将四周材质铺贴的不平整处进行一个自然的收边。
2. 墙纸与顶面的接缝处建议走一圈实木线条，使收口自然又能衬托装饰效果。

木线条的竖向运用拉伸层高

● **巧搭装修材料**
软包 + 木线条间贴灰镜

● **出彩细节设计**

1. 卧室属于休息区，需要营造静谧柔和的空间感觉，因此床头背景墙可选择皮质的硬包或者软包造型来衬托这种氛围。

2. 木线条的竖向运用，把原本单调的软包背景做了简单的分隔，区别于床头背景，与床头柜相对应。

● **省心施工工艺**

1. 床头墙上悬挂装饰画时，应注意不要对软包造型造成损坏，可选择将固定件安置在凹槽处。

2. 床头背景在设计时应安排一定数量的开关或插座面板，建议将其安置在床头柜之下，以免影响美观。

拼色软包与茶镜装饰床头墙

- **巧搭装修材料**
  软包＋茶镜

- **出彩细节设计**
1. 灰色和白色的软包造型舒适而温馨，适用于卧室空间，选择材质时可以是皮革，也可以是丝绸或者棉麻材质。
2. 背景玻璃在选择色调时要注意，为防止灯光通过镜面反射给人造成不适，一般应选用茶镜或黑镜等色调较暗的镜面进行装饰，设计时应注意这一点。

- **省心施工工艺**
1. 床头背景上的软包和茶镜都应做基层处理，可选择九厘板或木工板打底，使安装更为牢固，并且平整性更好。
2. 安装茶镜要同软包施工分开进行，同时做好软包的成品保护，以免锋利的镜面材质对软包表面造成损伤。

制作镂空隔断造型作为电视背景

- **巧搭装修材料**
  墙纸 + 茶镜 + 密度板雕花刷白

- **出彩细节设计**
1. 卧室应追求一种舒适、温馨的感觉，在设计上尽量不要太花哨，密度板雕花造型既有时尚感，而且其色彩也与整体色调一致，颜色搭配自然有序，较为合理。
2. 图中在没有天然背景墙的情况下，后期应制作隔断作为电视背景，既满足了空间的完整性，又自然形成一面装饰墙，设计合理且实用。

- **省心施工工艺**
1. 如果卧室面积较大，则建议在适当位置设计一面假墙，划分出一个睡眠区和一个休息区，各种电线、信号线都可以设计在假墙的里面。
2. 密度板雕花造型起到隔而不断的视觉效果。在设计时要注意隔断的高度一般在 2400mm 左右，如果高于这个高度就需要拼接了。

灰色软包带来酷酷的现代感

● **巧搭装修材料**

墙纸 + 软包 + 壁龛

● **出彩细节设计**

1. 灰色块面较多的背景墙设计中，一定要适当地添加一些亮色或者暖色进行搭配，切记不要因空间过于统一而丢失主次关系。

2. 设计师打破惯例，没有在卧室使用主光源，整个空间的主要照明是靠隐藏于吊顶和背景墙的光带及散落于顶部的筒灯，这种设计也完全可以满足空间的主要照明。

● **省心施工工艺**

1. 软包的墙面是时下比较流行的装饰手法之一，设计时要注意它与墙面的过渡要自然，不然效果反而适得其反。施工时须注意软包与边条之间的距离，应根据面料厚度决定留缝的大小，一般在 1.5 ～ 3mm。

2. 在软包造型的底部设计灯带，软包至少应离开墙面8cm以上，为显整体、美观，可与装饰壁龛保持平行。

犹如艺术油画般的电视墙设计

● **巧搭装修材料**
墙纸 + 软包 + 大理石线条

● **出彩细节设计**

1. 欧式风格的家居讲究造型对称，电视背景墙的造型划分也应遵循这一特点。

2. 电视墙的设计犹如一幅艺术油画，软包造型是画框，墙纸和电视机则是画面内容。

3. 电视墙一般与顶面的局部吊顶相呼应，吊顶上一般都有射灯，所以不但要考虑墙面造型与灯光相呼应，还要考虑不要有强光照射电视机，避免观看节目时眼睛疲劳。

● **省心施工工艺**

1. 由于墙纸同软包边框的造型不在同一个平面，因此施工时可以在软包边框的墙面上进行木工板基层的垫高处理，这样也有利于软包的安装。

2. 壁挂方式安装的电视，应首先确认墙体是否是承重墙。其次应确认安装部分是否存在暗藏的水、电、气等管线，以免造成安全隐患。

白色护墙让卧室显得清新亮丽

● **巧搭装修材料**
墙纸 + 白色护墙板

● **出彩细节设计**

1. 满墙都采用白色护墙的设计，让卧室显得清新亮丽，设计时注意对护墙高度的把握，太过高大会让空间显得单调乏味。同时，这类设计也不适用于面积较小和层高较低的房间。

2. 白色护墙的上方做了墙纸的铺贴，墙纸上按序悬挂装饰画，让房间充满书香及文化气息。

● **省心施工工艺**

1. 在进行白色护墙的油漆施工时，打磨后上面漆前必须保证该墙面的干净整洁，以免沾染污垢，影响美观。

2. 混水油漆完工后应注意对其进行成品保护，在未干透之前保证室内的通风及干燥。

储藏式榻榻米兼具睡床功能

● *巧搭装修材料*
榻榻米地台

● *出彩细节设计*

1. 榻榻米的抬高处理，较好地呈现出了空间的层次，同时也把书房与正常的休息功能完美地结合在了一起。
2. 地台的高度在 450mm 左右即可以做成储藏式榻榻米，在保证休闲功能的同时增加了储藏空间，一举两得。

● *省心施工工艺*

1. 地台内部竖板的间距应控制在 600mm 以内，保证其在承重的情况下不出现坍塌或者板材的断裂现象。
2. 榻榻米与墙面的交接处由于没有踢脚线的修饰，所以乳胶漆施工时应对此做针对性的处理，以防止乳胶漆或者墙纸的起皮。

玻璃花格分隔书房与卧室

- **巧搭装修材料**

  木饰面板 + 玻璃花格

- **出彩细节设计**

1. 欧式古典风格的卧室,对于护墙板的运用极其广泛,设计师将卧室和书房用木质护墙形式的隔断做分隔,减小实墙带给人的拥堵感和压抑感。

2. 古典风格讲究对称性及图案的复制排列,隔断处属于传统的欧式做法,同时,玻璃的运用保证了书房和卧室的互动性。

- **省心施工工艺**

1. 对于玻璃的安装,建议不要将玻璃裁切成如图所示的小块造型,可以在整块玻璃安装到位后,将后场定制的整面格架粘贴在玻璃上,以减少施工的复杂性。

2. 油漆的擦色环节需要一次性完成,主要是为了避免油漆出现色差而导致隔断的颜色不统一。

吊顶加入黑镜扩大视觉空间感

- **巧搭装修材料**
  石膏板造型刷白 + 黑镜

- **出彩细节设计**
  1. 对于层高较高的空间，可以采用整面吊顶的形式，辅以镜面增加顶面的视觉穿透性。
  2. 书房对于灯光的要求是避免强烈且刺眼的直射光源，因此，顶面照明应当以筒灯为主。

- **省心施工工艺**
  1. 顶面的筒灯设计在镜面上，建议在安装镜面前进行开孔处理，避免在镜面顶上开孔的麻烦。
  2. 书房做了主灯设计，吊顶施工时需要提前确定吊灯的位置，然后在该处做龙骨加固框架，以保证吊顶安装在牢固的基座之上。

壁龛造型的书架内嵌银镜

- **巧搭装修材料**
  壁龛造型 + 银镜

- **出彩细节设计**
1. 设计师对书桌和书橱做了统一的设计，入墙造型的书架与白色混水刷白的书桌台面做到了颜色、材质的统一，整体感与现代感更强。
2. 由于书房的面积有限，设计师在壁龛内增加了镜面，通过其反射有效扩大了视觉空间。

- **省心施工工艺**
1. 书桌的台面较长，因此在施工时应注意加固，防止长时间使用后出现变形的现象。
2. 书桌及书柜多为直角设计，油漆施工应注意对棱角处做磨边处理，防止对人造成伤害。

个性化榻榻米增加书房实用性

● **巧搭装修材料**

木饰面板混水刷白 + 隐藏灯带

● **出彩细节设计**

1. 书房空间做了个性化的榻榻米设计，且延伸到墙面做了弧形的灯带，让榻榻米显得更加轻盈灵动。

2. 榻榻米下方做了抽屉处理，充分地利用了榻榻米的高度，增加了储藏空间，且与地板的木色保持一致。

● **省心施工工艺**

1. 弧形灯带不同于顶面的灯带，其与人体会直接接触，因此，需要做额外的板材加固处理，避免日常的磕碰。

2. 榻榻米的内部是可利用的储藏空间，同时为了保证其一定的承重性，需要在制作框架时保证隔板间距在一定的范围内。

顶面装饰浅色肌理增强设计感

- **巧搭装修材料**
  质感艺术漆 + 石膏线条

- **出彩细节设计**
1. 书房空间的原始顶面为不规则形，即中间高四周低，为了保证书房空间的挑高感，设计师保留了原顶面的特点，同时在顶面装饰浅色肌理纹路，增强顶面的设计感。
2. 空调出风口和检修口可以做长条的处理，以保证其在吊顶的中轴线上，形成隐藏式的检修口。

- **省心施工工艺**
1. 该顶面存在大面积的平吊顶，在做石膏板饰面时，注意石膏板之间的 V 形缝处理，防止后期乳胶漆发生开裂。
2. 中央空调的回风口需要先在顶面做好木龙骨的框架，然后再进行石膏板的开孔处理。

中式书房吊顶遵循原建筑设计

● 巧搭装修材料
  墙纸 + 木线条

● 出彩细节设计
1. 黑胡桃木色在中式风格中运用广泛，其特点是纹理细密规整，颜色深沉稳重，符合中式家居儒雅的气质。
2. 开放式的书房吊顶设计遵循原建筑，黑色木线条将原本并不规整的顶面梳理得井井有条。

● 省心施工工艺
1. 木质线条贴顶对原顶面的平整度有一定的要求，因此在腻子找平时需要特别注意顶面的平整性。
2. 在进行顶面木质线条的上色时，要保证其与房间内的其他木质造型或者踏步的颜色一致，减少色差的产生。

圆形珠帘增加圆润感和柔美感

● **巧搭装修材料**

石膏板造型刷白 + 珠帘

● **出彩细节设计**

1. 书房处于带独立弧形飘窗的空间，飘窗处圆形的珠帘设计增强了圆润感和柔美感，与书房追求静谧、闲适的意境相融合。

2. 珠帘的缀感与色泽感使得飘窗区域的划分更加明显，更加有别于书房的其他空间，为卞人提供了一处舒适温馨的休闲空间。

● **省心施工工艺**

1. 珠帘的悬挂可以借助胶水和打钉的方式，为了确保在安装过程中的便捷性，可以预先在顶面做圆形珠帘悬挂位置的放样，以简化施工难度。

2. 圆形吊顶做了下垂式的设计，即将中间区域做矮，四周以原顶面的方式来设计，立体感会更强。

蓝色木搁板感受地中海气息

- **巧搭装修材料**
  壁龛造型 + 墙纸 + 木搁板

- **出彩细节设计**
1. 地中海风格对于蓝色情有独钟，主要是以海洋的颜色做设计，因此在选择墙纸时应注意对蓝色的运用。
2. 该书房的开间不够宽阔，因此设计时应巧妙利用墙体做入墙式的书柜设计，以圆润的弧形为基础，淋漓尽致地展现地中海风格的特点。

- **省心施工工艺**
1. 壁龛书架的侧面为乳胶漆的滚涂，为了将阳角处做得更加圆润，需要针对此处进行多次的砂纸打磨，使其光滑、匀称。
2. 书柜的层板采用后期安装，因此应先进行墙纸的铺贴，然后将搁板以侧面固定的方式安装在墙纸上，施工时注意不能损坏铺贴完工的墙纸层。